U0155191

山河作证

—— SHANHE ZUOZHENG   陈华文 著/绘 ——

中国地质大学出版社
ZHONGGUO DIZHI DAXUE CHUBANSHE

地质报国　薪火相传
献给所有的地质工作者

《山河作证》20 幅作品获评中央网络安全和信息化委员会办公室
"2022 中国正能量网络精品"

目录

山河作证

SHANHE
ZUOZHENG

1

社会建设需要资源

山河作证

SHANHE
ZUOZHENG

我国历史悠久、幅员辽阔，在广袤的山河
大地，蕴藏着丰富的矿藏。

矿产资源是经济社会建设的重要物质基础，
社会处处都离不开。

在古代社会，先人们初步掌握矿产开采技术。铜和铁的广泛使用推进了文明进程。

传统勘探和开采矿产资源的方式非常原始，社会对于矿产资源的需求远不如现在这么强烈。

伴随工业化进程的加快和科技的不断发展，社会建设对于矿产资源的需求量越来越大。

中华人民共和国成立后，工业
建设急需大量的矿产资源。

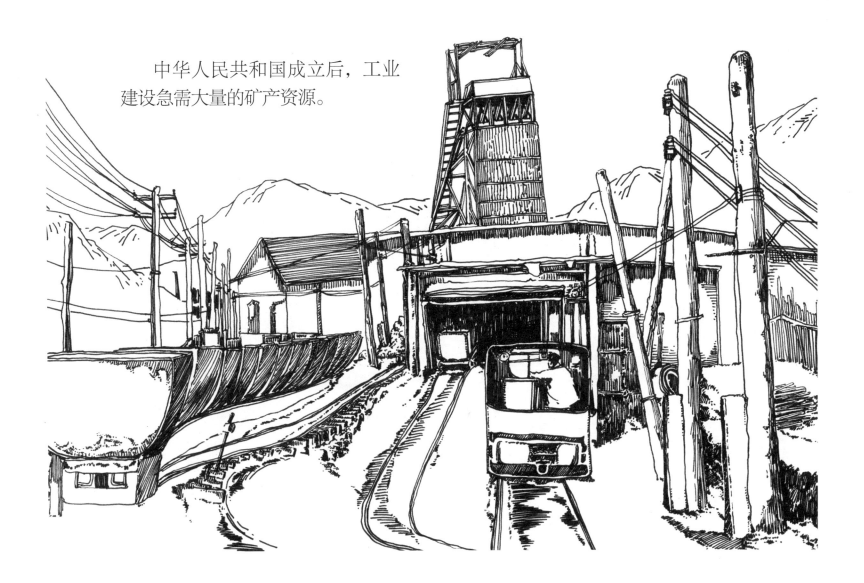

20 世纪 50 年代，开发矿产资源的号角
在祖国的大江南北吹响。

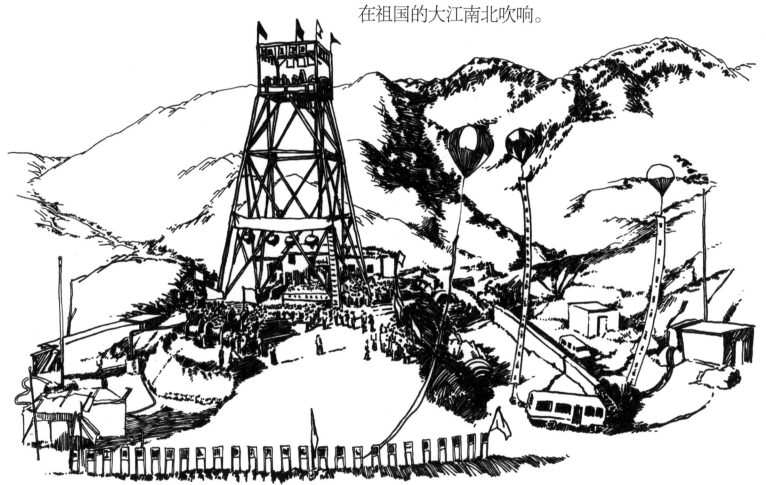

矿产资源勘探开发的关键是专业人才，而这恰恰是当时的短板。

　　为了培养更多地质找矿的人才，1952年11月7日，北京大学、清华大学等院校地质系（科）合并，在此基础上成立了北京地质学院，也就是今天的中国地质大学。

　　1970年，北京地质学院南迁至湖北办学，先后更名为湖北地质学院、武汉地质学院。

　　1987年，组建中国地质大学，于武汉、北京两地办学，总部设在武汉。

　　2005年，南北两地独立办学。

　　中国地质大学（武汉）校园里，四重门文化景观诉说着办学史。

2

跋涉野外 寻找矿藏

山河作证

SHANHE ZUOZHENG

中国地质大学（武汉）作为行业特色鲜明的"双一流"大学，70多年培养了30多万名高层次专业人才，他们都有一个响亮的名字——地大人。

地大人在地矿领域迅速成长为专业骨干，为国家寻找矿产资源。

地质找矿工作是辛苦的，但地大人丝毫不畏惧。

地大人在野外不仅会找矿，还深入矿区参加劳动。

20世纪60年代，地质工作条件差，但是地大人迎难而上。

　　地大人在野外认真做好地质数据记录。在高寒缺氧的青藏高原，都留下了地大人地质勘探的身影。

正是地大人在地质找矿中的默默付出，埋藏在地下的矿藏才能"重见天日"，得以开发和利用。

常年在野外找矿，使地大人练就了攀登
的本领，即使悬崖峭壁也能逾越。

一座座大型矿山的开采，为国家工业发展输送不可或缺的"粮食"。

3

山河作证
SHANHE ZUOZHENG

地质勘探
服务国家

沉默的岩石在地大人眼里并不平常，
有的岩石暗含着矿产宝藏的秘密。

地质勘探是矿产开发的前提，地大人
在群山之中开展地质测量。

虽然地大人风餐露宿，工作环境艰苦，但地质找矿中的新发现总是令人愉悦。

连绵的群山在别人眼里是一道自然风景，
但在地大人心中却是宝藏。

地质找矿的"战场"有时在群山之巅，有时在山沟之中。

特殊的岩石总是引人关注，地大人一起分析讨论，有时甚至不免激烈争论。

　　找矿时，为了采集到有价值的岩石标本，再陡峭的岩壁也要向上攀登。

一个个帐篷就是临时的"家"，
一住就是两个月或更长时间。

没有住的地方，地大人就自己
动手搭建帐篷。

一座座大型矿山，在国家经济建设中发挥支撑作用，地大人功不可没。

4

为国育才 初心不改

山河作证

SHANHE
ZUOZHENG

中国地质大学（武汉）作为行业特色鲜明的"双一流"大学，在 70 多年的办学征程中为党育人、为国育才，是中国地质教育的摇篮。

耸立在校园里的地质队员雕像，见证着一代代地大人地质报国的豪情。

20世纪50-60年代，地大人在野外寻找矿藏，把青春、知识和智慧，无私地奉献给祖国地质事业。

在地质找矿群体中，女地质队员英姿飒爽，她们是最美的巾帼力量。

在地质人才培养中，老师们率先垂范，
经常是"先遣队"，提前在野外备课。

老师指导学生认识地质图，引导学生们热爱地质、学习地质。

老师手把手教学生画地质素描图，帮助学生提升专业基本功。

老师讲解地质知识，
介绍地质矿藏的分布情况，
激励学生们热爱地质。

老师们采集地质标本，充实地质教学素材库。

地大人不仅学习地质理论知识，还走进矿山，在开采一线指导矿产开发。

中国地质大学（武汉）地勘楼，是校园里的主楼，这里走出了无数的地质拔尖人才。

5

野外实习 锤炼本领

山河作证

祖国的大好河山，是中国地质大学（武汉）的教学大课堂。长期以来，高度重视野外实习教学已经成为这所大学人才培养的重要特色。

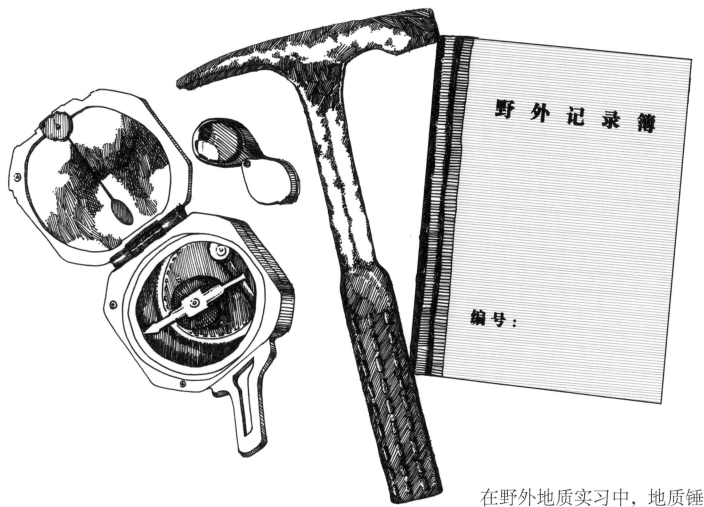

野 外 记 录 簿

编号：

在野外地质实习中，地质锤、罗盘、放大镜和野外记录簿，师生们随身携带。

为了保障野外地质实习教学扎实推进，中国地质大学（武汉）先后在北京周口店、河北北戴河、湖北秭归和巴东，建立了 4 个专门的实习基地。

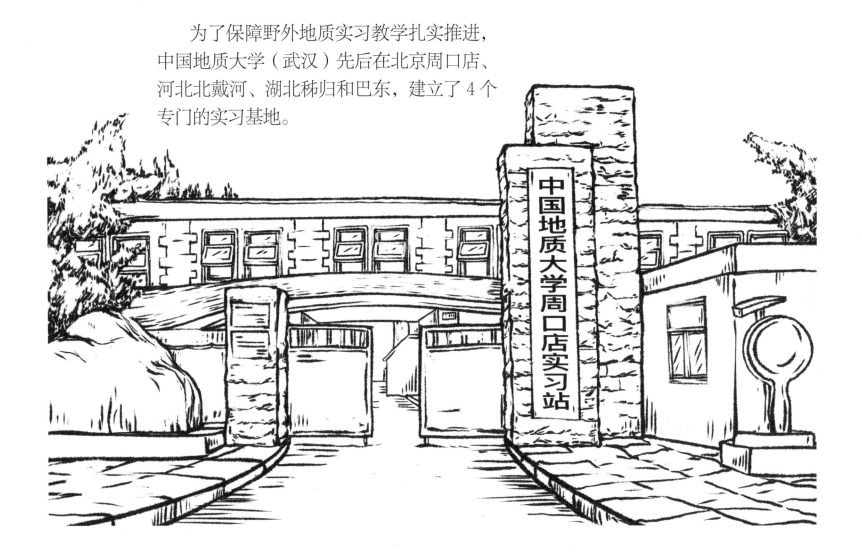

每年暑期，师生们奔赴野外，在深山密林中进行地质认知实习。

野外实习中，老师对地质现象进行细致讲解。

野外地质实习，
使得学生们的专业
动手能力逐渐提高。

在老师的指导下，学生们查看地质图，勘察地质路线。

野外实习是辛苦的，可是对于未来的地质工作，学生们满怀憧憬。

野外实习中，学生手持放大镜，
认真观察岩石标本。

对于不认识的岩石标本，学生们根据专业知识进行分析、研判。

老师把大自然作为育人课堂，在野外传道授业解惑，成为一道动人的风景线。

师生们对巨大的岩石进行观察，这些沉睡的岩石下面，或许就有矿产宝藏。

学生们白天在野外进行地质实习，晚上在驻地对大量的地质数据进行信息分析和整理。

对于化石标本，老师进行认真讲授。亿万年前的化石，揭示着地球生命与环境演化的奥秘。

野外地质实习中，师生们跋涉在崎岖的山路上，用双脚丈量祖国的山河，他们是地质工作的"先遣队"。

6

山河作证
SHANHE ZUOZHENG

地质科考
彰显担当

地质科考是野外实习的延伸，对学生的专业技能和综合素养有着更高的要求。中国地质大学（武汉）每年组织学生到野外、矿区进行科考和调查，在实践中历练本领。

地质科考中，学生们敢于吃苦，激情满怀，放飞地质梦想。

地质科考中，老师们从人与自然和谐共生的角度，探究自然资源的科学利用之道。

在寒冷荒凉的野外，师生们不惧困难采集矿样，
为科学研究收集一手资料。

学生们参与老师的科研项目，在研究中求索真知，老师们在科研中全方位培养学生。

学生们对于新的发现既兴奋又好奇，
抓紧做好记录。

地质科考的过程是艰辛的，可是师生们
以顽强的意志战胜疲劳和寒冷。

地质科考中的新成果，直接助力矿产的开发和利用。

水是重要的自然资源，学生们积极开展
水文地质与环境地质考察。

学生们在江湖之畔采集水样，为水"把脉"。

地质科考中，学生们认真整理岩芯，孜孜不倦地探索矿产形成的原因。

师生们投入海洋强国战略，在科考船上探寻海洋地质之秘。

2022 年夏天，中国地质大学（武汉）组织大学生开展第二次长江源综合科考。生态文明建设征程中，这所大学的学生们"在场"！

师生们在地质科考中和当地民众结下了深厚的友情。地质科考，也正是满足人民群众对美好生活的向往。

师生们对地质科考中搜集的各种标本进行观察与研究，产出了大量高水平的研究成果。

7

挑战极限
攀登高峰

山河作证
SHANHE
ZUOZHENG

　　由于地质工作的需要，中国地质大学（武汉）的师生们要经常攀登高山，由此衍生出登山科考运动。登山科考已经成为这所大学的响亮名片，这所大学也被誉为中国登山界的"黄埔军校"。

2012-2016 年，师生们成功登顶世界七大洲最高峰，并成功徒步至南北极极点，创造了中国高校登山科考的传奇。

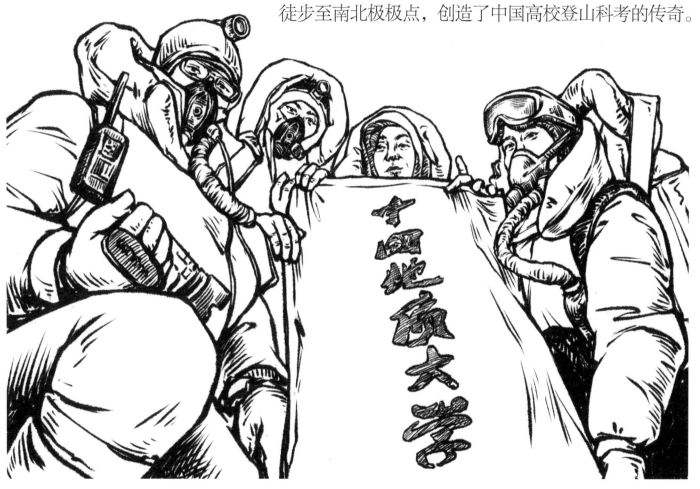

　　登山科考考验人的体力、勇气和智慧，同时也需要协作精神。在常人难以到达的地方，师生们采集到珍贵的地质样品，供科学研究之用。

攀岩运动可以培养
学生的胆识和毅力，
学习攀岩备受关注。

各种惊险刺激的极限运动，不是盲目冒险，都有规范、科学、严格的训练。

户外运动使学生们的身体机能和意志品质得到锤炼，同时也加深了学生们对自然的热爱。

学生们熟练地驾驭滑翔伞，"一览众山小"妙不可言。

高山之巅，留下了师生们登山科考的身影。
醒目的校旗，诉说着"山高人为峰"的自豪感。

　　2022年5月，为了广泛弘扬攀登精神，中国地质大学（武汉）专门修建攀登文化景观，激励师生们攀登自然的高峰、科学文化的高峰和人生的高峰。

8

不负韶华
青春绽放

山河作证
SHANHE
ZUOZHENG

　　当前，中国地质大学（武汉）强化"美丽中国 宜居地球"建设理念，努力培养青年才俊。青年，是国家的希望，也是自然资源事业的未来。

老师们在地质类专业课程教学中，引入课程思政理念，做到专业教育和思政教育的融合。

对地质类专业的学生们，学校以多种方式开展思想政治教育，不断强化理想信念。

地质类专业的学生不仅努力钻研专业知识，还广泛阅读，提升人文素养。

老师的言行举止，对于学生的影响举足轻重。争做"四有"好老师，成为所有老师的追求。

学生们在课业之余，踊跃参与帆船比赛志愿服务，在劳动中增长见识，在社会实践中绽放青春。

围绕地质、资源、环境和生态文明建设，学生们投入到创新创业活动中，主持有关竞赛，彰显青春风采。

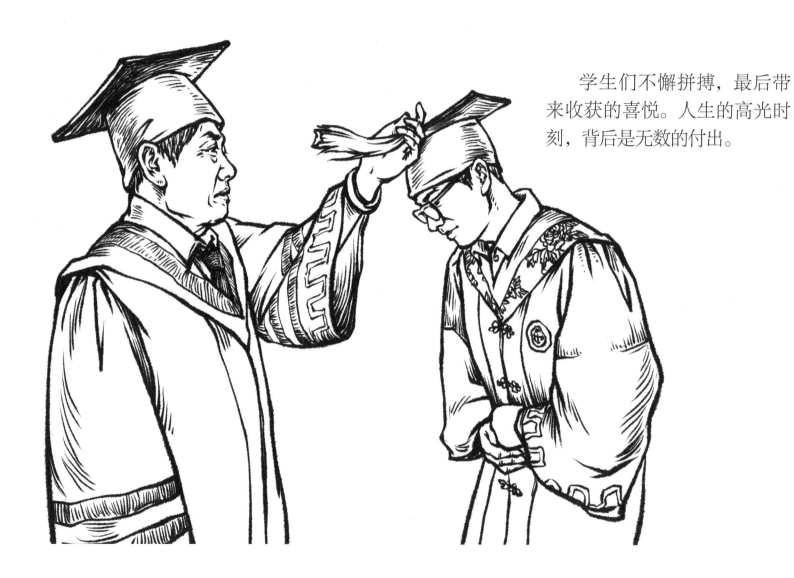

学生们不懈拼搏，最后带来收获的喜悦。人生的高光时刻，背后是无数的付出。

中国地质大学（武汉）面向共建"一带一路"国家培养地质人才，这些国际学生学成归国后，成为中外交流的桥梁。

青春是用来奋斗的，学生们毕业后各自奔赴前程，相约以后在顶峰相会。

9

山河作证
SHANHE
ZUOZHENG

地质报国
梦想起航

为了培养更多优秀的专业人才，中国地质大学（武汉）拓展办学空间，建设全新的未来城校区，并于 2019 年投入使用。造型别致的图书馆，既是师生们的求知之地，也是热门"打卡"点。

面向社会开展地质科普教育，既是责任也是义务。逸夫博物馆里高大的恐龙化石，带来超强的视觉震撼。

形式多样、有趣好玩的地质科普活动，备受青少年喜爱。探索地质的种子，在青少年心田生根发芽。

为了弘扬地质报国精神，以著名地质学家李四光为原型创作的话剧《大地之光》，常年在校园上演。

民族团结教育是爱国主义教育的重要内容，
师生们把在少数民族地区开展地质科考的故事，
编排成生动的舞台剧《雪莲花开》。

地质类专业的女生们，精彩演绎《勘探队员之歌》，展示地质工作的经久魅力。

中国地质大学（武汉）不仅重视专业教育，还大力
弘扬中华优秀传统文化，厚植师生文化情怀。

地质文化景观在校园里随处可见，化石林记录着
地球的沧桑演化。浓厚的地学文化氛围激励师生们踏
上地质报国的新征程。

当前，中国地质大学（武汉）的师生们以昂扬的精神，在全面建设社会主义现代化国家新征程中阔步前进。

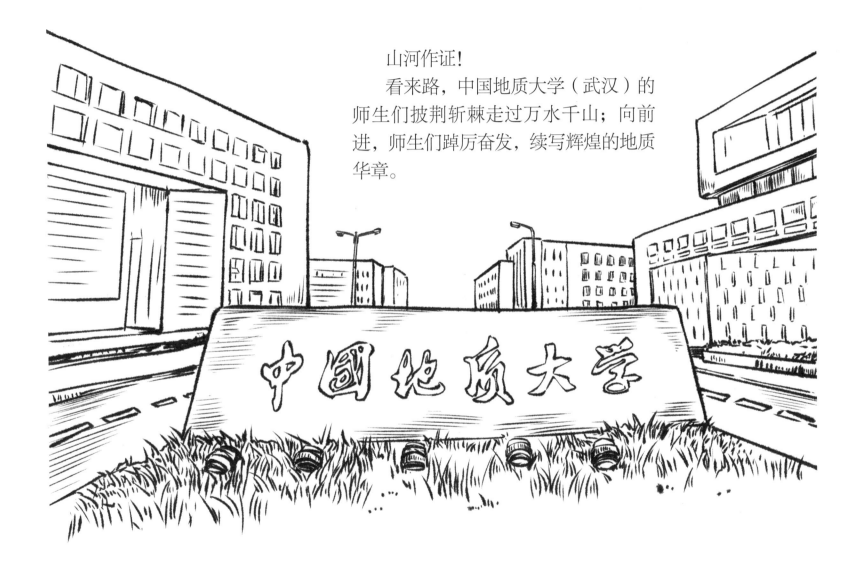

山河作证！

看来路，中国地质大学（武汉）的师生们披荆斩棘走过万水千山；向前进，师生们踔厉奋发，续写辉煌的地质华章。

后记

地质事业在我国经济社会发展中具有重要地位，这关乎国家能源资源安全，关乎国家长治久安。中华人民共和国成立以来，一代代的地质工作者为国找矿，奉献青春、智慧和力量，在国家发展中书写了浓墨重彩的一笔。地质工作者是一个追梦的群体，是一个光荣的群体，我对地质工作者有着深厚的感情。

我虽然不是地质专业出身，但是我求学和工作的大学——中国地质大学（武汉），却与中国地质事业同呼吸、共命运。出于工作关系，我对地质教学与科研耳濡目染，有一些了解和认知。20多年来，我跟随师生们奔赴新疆、青海、西藏、甘肃、河北等地，从事野外实习和地质科考，对于他们在野外风餐露宿、艰辛跋涉、把论文写在祖国大地上的豪情，我由衷敬佩。为了讲好地质故事，我写过报告文学、舞台剧本，也创作过小型绘本和系列插画。2017年，我已经不满足于这种"小打小闹"，想创作一个"大部头"。到底是怎样的"大部头"呢，我并没有想好。

2020年上半年，武汉战"疫"期间，一方面出于创作的本能，另一方面为了做好网课教学，我用50余天的时间，一口气创作了包含100幅插画的绘本《英雄之城：武汉战"疫"图记》，一时间在社会引起广泛反响，其中20幅画稿同年被中国国家博物馆收藏。自己的画稿被中国最高级别的馆藏机构收藏，之前我做梦都没有想到，这给予了我极大的绘本创作动力和信心。

这一次长篇绘本创作的经历，使我积累了一些创作经验。绘本由"文字＋画稿"组成，具有鲜活、直观、生动的特点，深受人们的喜欢，尤其是优秀的绘本，不仅能够广泛传播，还能在一定的群体中引起精神共鸣。

2021年元旦刚过，我打算创作一部地质题材的长篇绘本。然而突如其来的一场大病，使我的创作计划戛然而止。历经半年的治疗，我的病情在同年6月得到控制。于是，我又开始绘本创作。当时，由于身体的原因，医生坚决反对我夜以继日开

展创作。于是，9月的一天，我召集艺术与传媒学院的硕士研究生唐钰君、本科生刘雅文以及毕业生张世春（在北京理工大学读研），开始商讨绘本创作事宜，他们都表现出极大的兴趣，对绘本计划充满期待。他们都曾经主修过我主讲的本科课程"视觉叙事"，在绘画方面都有扎实的基础。

在明确"地质报国"的创作主题之后，我把创作的对象聚焦到了中国地质大学（武汉）。这所大学是我国地质教育的"重镇"，在70多年的办学历程中，为国家培育了30多万名高层次人才。长期以来，学校高度重视课堂教学、野外实习与地质科考。其中，野外实习与地质科考是每个地质类专业学生的必修课，学生们每年跋涉山河，不断夯实专业本领。这些是绘本中必须通过文字和画稿表达的。

长篇绘本创作是一个系统工程。2021年10月开始，我们正式投入创作。我们确定的目标是先画100幅画稿，然后根据画稿创作相应的文字脚本。现在想来，当时我就如同一名勇敢的地质队员，有着"山河在我心"的气概。为了真实描绘野外实习与地质科考，我搜集了上千张照片，加上我曾经在野外拍摄的几百张照片，共同作为创作的图像源泉。我的同事屠傲凌、张玉贤也是我们创作小组的成员，他们四处搜集图像素材。他们摄影技艺精湛，把曾经拍摄的地质故事照片，毫不吝啬地拿出来供创作参考之用。绘本创作不是把照片原原本本地画出来，而是先对图像进行提炼、取舍，然后根据叙事的要求进行创作，最后实现文图互补、文图交融。

创作初期，我就给绘本起名《山河作证》，后来这个名字再也没有变过。然而创作《山河作证》的过程并非一帆风顺。2021年12月，针对20多张创作草图，我并不满意，师生们的精气神在画稿中没有呈现出预想的效果，我和3位同学甚至一度想放弃创作。但是一想到师生们在崇山峻岭跋涉的身影和无畏的攀登精神，我们又鼓起了创作的勇气。每一幅画稿，从草图酝酿到最初定稿，都反反复复地画、一遍遍地改，有的画稿修改多达10余次。

创作绘本《山河作证》，我们都是利用休息时间进行的。记得2022年春节假期，我在武汉，3位同学分别回了四川、江西老家，即便如此，我们仍在线上交流创作进度，针对画稿如何构

图，如何突出表现重点进行热烈的讨论。同年暑假，是难得的休假时间，我们也都埋头创作，一起赶"工期"。

绘本《山河作证》以现实主义的风格，描绘师生们野外实习和地质科考的故事。100 幅画稿中，人物造型尽量严谨，动作神态尽量惟妙惟肖，有的描绘老师在野外认真授课，有的描绘学生观察地质标本，有的描绘学生采集水样，有的描绘师生交流讨论，有的则描绘师生在严寒极地从事科学考察。绘本中，既有野外地质工作的历史场景再现，也有最新的科学考察描绘，如2022 年夏天，学校组织第二次长江源科学考察的难忘瞬间就在绘本中得以体现。此外，承载师生记忆的校园风景和标志性建筑在绘本中也进行描绘。

2022 年 10 月中旬，绘本《山河作证》的文图创作全部完成，整个绘本分成 9 个章节，从不同的维度讲述师生们地质报国的故事。我诚惶诚恐，在校内外征求修改意见。没有想到师友们好评如潮，我心里很是欣慰。

国家级教学名师龚一鸣教授动情地写道："铁肩担使命，妙手绘山河；七秩讴地质，宝藏献祖国；师生同努力，时艰皆可克。"资源学院青年教师陈鑫激动地说："绘本《山河作证》，让我想起了在柴达木盆地地质科考的点点滴滴，地质主题绘本我还是第一次见到。"

中国自然资源作家协会副主席周习说："《山河作证》把地质事业的'三光荣'精神和'以人民为中心'的时代要求结合在一起，走进大众视野，是集探索、拓展、提高于一体的守正创新之举，独特而又魅力无限。"中国报告文学学会副会长李青松指出："《山河作证》以自觉的生态意识和地球意识，生动呈现了大学与地质故事，具有超拔的思想性和艺术性。画面充盈着自然气息与科考历险的意外和惊喜。文字言简意赅，准确清晰，趣味别样横生。绘本把山河、时间、课堂、教具、人物、标本、矿石、矿样、记忆等元素巧妙融入画面中，用诗意的手法，表现了不同历史时期大学的创造、品格、情感和境界，以及不断探索的科学精神。"

《中国矿业报》总编辑赵腊平这样写道："绘本的构造、点线、疏密、浓淡掌握得恰到好处，画作神灵活现，栩栩如生，非一日之功可以抵达。把大地绘在绘本上，作品反映了师生们火热

的野外地质工作实景，具有极强的感染力。"

　　武汉美术馆原副馆长刘宇给我发来微信："《山河作证》展示了一所大学 70 年初心不改、成就卓越的光辉历程。作品造型准确，人物刻画细腻，情绪饱满，现场感强。图文互补，相得益彰，富有艺术感染力！"湖北美术学院李冰老师写道："《山河作证》给我们一个了解地质人的工作与生活的窗口。该绘本充分显示了严谨的科学精神，没有虚无缥缈的笔画，每一张都画得很'结实'，在严谨中传达着欢愉情绪，可以看出陈华文老师与学生是饱含热情地进行创作。如何让真诚的情感在作品中流露，这是值得咱们美术工作者认真思考的问题。"

　　诗人余仲廉写道："自古以来'画为心迹，言为心声'，绘本以简洁、明快、朴素无华的文字和画稿，展现了创作者对地质工作的崇敬之情，作品充分地展现了地质人不畏艰险、勇于探索自然的科学精神，更是把文化与艺术有机结合起来，讴歌了时代的主旋律，展现了中国地质大学（武汉）师生将个人小我融入国家大我的地质报国情怀。"

　　还有很多师友纷纷给予肯定，限于篇幅的原因，这里无法

一一摘录。他们的鼓励，是对我莫大的支持。

　　2022 年 11 月 7 日，中国地质大学迎来建校 70 周年华诞。为了营造校庆的文化氛围，我抱着试一试的心态，向媒体介绍《山河作证》创作的情况。很快，多家媒体产生了浓厚的兴趣，10 月下旬至 12 月上旬，光明网、中国新闻网、科学网、中国教育新闻网、文汇网、湖北日报网、极目新闻客户端、大武汉客户端、长江云、自然资源部官方微博等媒体和平台纷纷报道。其中，10 月 22 日出版的《中国自然资源报》和 10 月 28 日出版的《中国矿业报》进行大篇幅报道。北京市委主管的前线客户端对《山河作证》的全部文图，分成九期连载。10 月 31 日，中国地质大学（武汉）官方微信公众号，摘编了《山河作证》中的 20 幅文图予以发布。网友们好评如潮，长期从事野外地质考察的王国灿教授留言道："作品取材于一线，客观反映了师生野外作业的实际状态，看后给人身临其境之感，能从中找到自己野外工作的影子。"

　　2023 年年初，原本在中国地质大学（武汉）官方微信公众号发布的《山河作证》20 幅文图，参加由中央网络安全和信息

化委员会办公室主办的"2022 中国正能量网络精品"评选。这是国内规模最大、最有影响力的网络文化评选活动。后来，经过初选、专家审核评议、网络展播投票、终选以及结果公示，同年9 月 8 日，《山河作证》获评"2022 中国正能量网络精品"，中国地质大学（武汉）也是湖北唯一获奖的高校。随后，《山河作证》还获评 2022 年度湖北高校新闻奖融合类一等奖。面对这些荣誉，我激动之情溢于言表，我也清楚在文艺创作中，这仅仅只是起步，后面还有很长的路要走。

从 2021 年动念创作绘本《山河作证》，到即将正式出版经过了 4 年多时间。该绘本创作的全过程，受到学校党委宣传部、艺术与传媒学院众多师友的关心和指导。这里要感谢储祖旺教授、向东文教授、侯志军研究员、何清俊教授、黄瑛副教授、刘义昆副教授等专家学者，党委宣传部的同仁们一直为创作提供各种便利条件。感谢唐钰君、刘雅文、张世春 3 位同学，他们不仅在创作中发挥了主力军作用，也在创作中锤炼了专业本领。如今，唐钰君同学马上硕士研究生毕业，刘雅文同学在江南大学读研二，张世春同学在北京理工大学攻博，但愿他们在未来的人生征途上保持热爱，奔赴山河。

在绘本《山河作证》出版过程中，感谢中国地质大学出版社武慧君老师的精心编校，她工作的敬业态度值得学习。该绘本的出版，获得中国地质大学（武汉）教学研究项目"地大特色本科教育教学成就的图文叙事"（编号：2021A50）、中国地质大学（武汉）"双一流"文化传承创新项目"'山河'网络名师工作室培育与探索"（编号：2023WHZX04）以及中国地质大学（武汉）科学发展研究院"科普作品创作与出版基金"的资助。

地质主题的文艺创作是一个大矿藏，需要通过不同艺术形式进行深度"挖掘"。我相信，所有的地质工作者，看了绘本《山河作证》都会想到野外地质工作的难忘经历。正是他们默默无闻地为祖国寻找矿藏，才奠定了社会建设发展的根基。今后，我将围绕"人与自然和谐共生"的主题，继续开展创作，为文化建设贡献力量。

陈华文

2024 年 3 月 29 日

图书在版编目（ＣＩＰ）数据

山河作证 / 陈华文著绘 . — 武汉：中国地质大学出版社，2024.4

ISBN 978-7-5625-5827-9

Ⅰ . ①山… Ⅱ . ①陈… Ⅲ . ①地质学 - 中国 - 普及读物 Ⅳ . ① P5-49

中国国家版本馆 CIP 数据核字 (2024) 第 070741 号

山河作证　　　　　　　　　　　　　　　　　　　　　　陈华文　**著 / 绘**

责任编辑：武慧君　　　　选题策划：江广长　张琰　　　　责任校对：张咏梅

出版发行：中国地质大学出版社（武汉市洪山区鲁磨路 388 号）　　　邮　编：430074

电　话：027-67883511　　传　真：027-67883580　　E-mail：cbb@cug.edu.cn

经　销：全国新华书店　　　　　　　　　　　　　http://cugp.cug.edu.cn

开　本：889 毫米 ×1194 毫米　1/16　　字数：69 千字　印张：7.5

版　次：2024 年 4 月第 1 版　　　　　印次：2024 年 4 月第 1 次印刷

印　刷：湖北金港彩印有限公司

ISBN 978-7-5625-5827-9　　　　　　　　　　　　　定价：48.00 元

如有印装质量问题请与印刷厂联系调换